SUR LES MATIÈRES SALINES QUE LA BETTERAVE A SUCRE EMPRUNTE AU SOL ET AUX ENGRAIS ;

Par M. Eug. PELIGOT.

En poursuivant mes études sur la répartition des matières minérales dans les végétaux, je me suis occupé, pendant ces dernières années, de l'analyse de la betterave cultivée dans des conditions analogues à celles que j'ai réalisées pour les plantes qui ont été l'objet de mes précédentes Communications. Dans le but de rechercher l'influence des matières salines sur la production végétale, la plante se développe dans un sol confiné, d'une composition connue ; elle y reçoit des quantités mesurées d'eau tenant en dissolution une ou plusieurs des substances salines qu'on rencontre habituellement dans les engrais ; ces substances sont données à faible dose, mais à dose souvent répétée, de manière à ne pas nuire à la plante. Quand celle-ci est arrivée à maturité, elle est soumise à l'incinération. Le poids et la composition des cendres font connaître le rôle plus ou moins utile que ces matières salines ont exercé sur son développement.

En ce qui concerne la betterave, bien des expériences ont été faites déjà dans le but de déterminer l'influence du sol et des engrais sur le développement de cette plante ; ces expériences ont eu surtout pour objectif son amélioration au point de vue de la fabrication du sucre qu'on extrait. L'industrie sucrière fait journellement son profit des

P.   1

études que poursuivent dans cette direction, avec persévérance et succès, plusieurs chimistes distingués de nos
départements du Nord, notamment M. Corenwinder, de
Lille; M. Pagnoul, d'Arras; M. Pesier, de Valenciennes.
M. Viollette, doyen de la Faculté des Sciences de Lille, a
publié récemment un important travail sur la distribution
du sucre et des principes minéraux dans la betterave.

Les résultats de ces divers travaux s'accordent, sur beaucoup de points, avec ceux auxquels je suis arrivé de mon
côté en suivant une voie différente. C'est, en effet, en
analysant la betterave venue dans les conditions ordinaires
ou cultivée sur des parcelles de terre qu'ils ont été ob-
tenus. En procédant ainsi, le but technique peut être
atteint; mais, en présence des éléments multiples qui
concourent au développement de la plante, il n'est pas
possible de connaître la part qu'il convient d'attribuer
à chacun d'eux; l'analyse de la racine, au point de vue de
sa richesse saccharine et de sa teneur en matières minérales, ne permet pas de connaître l'influence exercée soit
par la nature de la graine, soit par le sol, par les engrais
ou par les eaux pluviales ou souterraines.

La marche que j'ai suivie n'est pas la même. Plusieurs
betteraves de même origine sont cultivées séparément dans
le même sol et reçoivent, dans des conditions identiques,
des matières salines en poids bien plus considérable que
celui qui se trouve normalement dans le sol ou dans les
engrais. On cherche quelle a été l'influence de cet élément
prédominant sur la production du sucre et sur la nature
des sels absorbés. En ce qui concerne les matières minérales, on détermine, en outre, les relations qui existent
entre les cendres de la racine et les cendres des feuilles ap-
partenant à la même betterave.

Pour aborder utilement une étude de ce genre, j'estime qu'il est avant tout nécessaire de remplir une condition, généralement méconnue, sans laquelle toute re-

cherche faite dans cette direction devient infructueuse :
c'est l'identité d'origine de la graine. Aucun soin ne doit
être épargné pour arriver à ce résultat. Dans mon opinion,
les divergences et les anomalies si souvent constatées doivent
être attribuées beaucoup moins au mode de culture qu'aux
variétés que présente la plante au point de vue de l'espèce.

On ne satisfait pas à cette condition, cela est évident,
en se servant de graines de la même provenance, récoltées
dans le même terrain ; il faut s'engager dans une voie
beaucoup plus longue à parcourir. La semence doit être
prise sur le même porte-graine, *celui-ci végétant seul et
isolé,* de manière à le garantir de la fécondation à distance
qui résulterait de la proximité d'autres porte-graines.

Je n'ai pas pu remplir ces conditions rigoureuses pour
toutes les expériences qui sont l'objet de ce travail ; néanmoins le choix des graines a été poussé assez loin pour me
permettre de constater les différences les plus essentielles
qui sont la conséquence du régime auquel la plante a été
soumise. En effet, depuis l'année 1861, j'ai cultivé un très-
petit nombre de betteraves provenant toutes d'une ving-
taine de graines qui m'avaient été données par L. Vilmorin,
et qui provenaient des essais que cet éminent agronome
avait exécutés dans le but d'obtenir, par d'ingénieux pro-
cédés de sélection, des racines aussi riches en sucre que
possible. Cultivées par moi dans des conditions très-
diverses et à l'exclusion de toute autre variété, ces betteraves, souvent analysées, ont conservé leur richesse en
sucre ; elles en renferment de 14 à 17 pour 100.

Néanmoins elles appartiennent à plusieurs variétés qui
possèdent probablement, à des degrés différents, la faculté
d'engendrer le sucre et d'absorber d'une façon inégale les
matières minérales qu'elles empruntent au sol ; elles n'ont
pas toutes le même aspect : les unes ont la peau rouge avec
zones concentriques à l'intérieur également rouges ; d'autres
sont de couleur blanche ou jaune ; quelques-unes ont une

forme pivotante irréprochable; mais la plupart sont irré-
gulières et racineuses. On sait que cette forme les déprécie
beaucoup aux yeux du fabricant de sucre; néanmoins, d'a-
près mes analyses et aussi d'après les essais publiés récemment par un producteur de graines expérimenté, M. P. Oli-
vier, il semble qu'on doive se résoudre à accepter ce vice de
conformation comme étant la conséquence de la plus grande
richesse saccharine. Il est possible, en effet, que la multi-
plicité des radicelles dans ces betteraves amène d'une façon
plus rapide la formation de la matière sucrée dans leurs tissus.

Qu'on me permette d'ouvrir une parenthèse. Il est bien
regrettable, à mon avis, que les tentatives faites pour amé-
liorer la qualité de la betterave n'aient pas été suivies avec
la persévérance et la sûreté de déduction que L. Vilmorin
mettait dans ses travaux. Beaucoup de fabricants de sucre se
plaignent aujourd'hui de la mauvaise qualité de la betterave. Si ces essais avaient été continués, les défectuosités
de forme auraient peut-être disparu, et l'industrie sucrière
serait en possession d'une plante rendant 30 à 40 pour 100
de sucre en plus de la quantité qu'elle fournit actuelle-
ment. Le budget de l'État y trouverait son compte aussi
bien que celui du fabricant. Alors même qu'il serait établi
que cette forme racineuse appartient aux betteraves les
plus sucrées, l'industrie se mettrait facilement en mesure,
cela n'est pas douteux, d'apporter dans son outillage les
modifications qu'entraînerait le râpage un peu plus dif-
ficile de ces racines. On ne saurait trop applaudir, assu-
rément, aux progrès que la Mécanique et la Chimie apportent journellement à la grande industrie du sucre indigène;
mais le perfectionnement de la betterave elle-même par le
choix judicieux de la semence présente, selon moi, une
importance encore plus considérable.

Il serait temps, en outre, de concilier les intérêts du cul-
tivateur avec ceux du fabricant, en faisant intervenir dans
les transactions le titre saccharin de la racine en même temps

que son poids. Il semble aujourd'hui établi que, pour la
même variété, les racines d'un poids assez faible, venues en
semis serrés, dans un sol fertile ayant reçu peu ou point
d'engrais, sont tout à la fois les plus riches en sucre et les plus
pauvres en matières salines; celles-ci nuisent beaucoup,
comme on sait, à l'extraction du sucre cristallisable. La
densité du jus, à défaut de moyens saccharimétriques plus
parfaits, suffit parfaitement, quant à présent, pour fixer,
avec le poids de la racine, la valeur commerciale de la
betterave. Dans un congrès scientifique réuni à Arras en
1853, j'avais déjà exprimé le vœu que l'achat des betteraves
par les fabricants de sucre se fît en raison du poids de la racine
et de la densité du jus. Bien que ce vœu ait été accueilli avec
faveur dès cette époque, aucune suite ne lui a été donnée.
Néanmoins, j'estime qu'il devient nécessaire, en raison des
charges que supporte l'industrie sucrière et des difficultés
qu'elle doit surmonter, de tenir compte, avant toute autre
clause, de la richesse saccharine de la betterave; pour le fabricant, un rendement de 1 pour 100 de sucre en plus ou en
moins suffit pour constituer son inventaire annuel en bé-
néfice ou en perte.

Je reviens à mes expériences. Les betteraves, semées en
pleine terre, sont repiquées dans des pots, en prenant soin
de choisir des racines de même forme et de même aspect.
N'ayant conservé chaque année que deux ou trois porte-
graines, j'ai quelque chance d'opérer sur la même variété.
Néanmoins j'ai récolté, il y a deux ans, la semence d'une
betterave unique, et c'est avec cette graine que mes der-
niers essais ont été faits.

Mes premières expériences ont eu pour objet de rechercher l'influence de diverses matières minérales sur des
betteraves cultivées isolément dans un sol de même nature. Des pots, d'une capacité d'environ 30 litres, ont été
remplis avec de la terre de jardin de qualité ordinaire : j'ai
donné dans un précédent travail la composition de cette

terre, qui contient une assez grande quantité de calcaire. Du 1er juillet au 15 octobre 1871, six betteraves en bon état de végétation, repiquées depuis plusieurs semaines, ont reçu, les deux premières (n°s 1 et 2), des arrosages convenablement espacés avec de l'eau de Seine contenant 1 gramme de sel marin par litre; les deux autres (n°s 3 et 4), avec la même quantité d'eau, renfermant 1 gramme de chlorure de potassium; les deux dernières (n°s 5 et 6), avec le même volume d'eau sans addition. Chacun des deux premiers lots avait reçu 30 grammes de sels.

Après quelques semaines, chaque couple présente un aspect particulier qui le distingue nettement du couple voisin. La nuance, la dimension, la rigidité des feuilles sont les mêmes pour les betteraves soumises au même traitement, différentes pour celles dont le régime est différent : la même remarque a été faite les années suivantes; de sorte que la présence d'une matière saline employée en quantité prédominante suffit pour donner à la plante une physionomie qui lui est propre. Ces betteraves ont donné :

	Poids de la racine.	Cendres p. 100 de betterave fraîche.	Chlorure de potassium dans 100 de cendres.
N° 1 (sel marin).........	560,2 gr	0,77	18,6
N° 3 (chlorure de potassium.	571,5	0,97	15,3
N° 5 (eau)...............	721,8	0,64	8,0

Dans cette expérience, les chlorures ont peu nui au développement de la plante, le sol étant convenablement pourvu de matières fertilisantes. Ces racines étaient riches en sucre; elles en contenaient environ 15 pour 100. Ce résultat, qui est d'accord avec d'autres qui m'ont été fournis par des betteraves venues dans les polders de la Bretagne, est en contradiction avec l'opinion généralement admise, que les betteraves riches en chlorures alcalins sont pauvres en sucre. Ces deux faits ne sont pas connexes, car il est vraisemblable que la sécrétion du sucre dépend de la variété de la plante, tandis que l'absorption des matières salines, notamment des chlorures, se trouve surtout liée à la nature du sol et des engrais.

Ces chlorures, que la racine contient en assez grande quantité, se retrouvent en bien plus forte proportion dans les feuilles; il en est de même de plusieurs autres substances minérales qui traversent la racine avec une vitesse qui varie probablement avec leur nature, pour s'accumuler dans les feuilles. En effet, tandis que la racine à l'état sec ne contient pas au delà de 3 à 6 pour 100 de matières minérales, les feuilles desséchées, ayant perdu les 90 pour 100 d'eau qu'elles contiennent, en laissent 25 à 32 pour 100; le salin de ces cendres contient de 23,7 à 73,5 pour 100 de chlorures.

Dans mes analyses, le chlore est calculé comme étant à l'état de chlorure de potassium; même dans les betteraves qui ont été arrosées avec des dissolutions de sel marin, la potasse est beaucoup plus abondante que la soude.

Ces expériences ont été reprises en 1872 dans des conditions à peu près pareilles : les plantes ont été arrosées du 21 juillet au 9 octobre avec de l'eau de Seine contenant 1 gramme de chlorure par litre pour les n°s 3, 4, 5, 6 et $2^{gr},5$ pour les n°s 7, 8 et 9.

Voici la composition de ces racines :

	Poids des betteraves.	Densité du jus à 15 degrés.	Cendres dans 100 de jus.	Chlorure de potassium dans 100 de salin.	Sucre dans 100 de jus.
N° 1 (eau).....................	680^{gr}	1080	0,83	7,1	15,3
N° 3 (25 gramm. de sel marin)	635	1081	1,07	16,3	15,0
N° 5 (25 grammes de chlorure de potassium)...........	650	1083	0,89	13,2	14,0
N° 7 (75 gramm. de sel marin)	682	1087	1,07	27,3	16,4
N° 9 (75 grammes de chlorure de potassium).......	645	1090	1,20	26,8	15,8

On voit que l'absorption des chlorures augmente avec la quantité qu'on met à la disposition de la plante; elle a néanmoins ses limites, et elle n'est pas proportionnelle à cette quantité, puisque les deux dernières betteraves contiennent à peu près le double de chlorure que les deux précédentes, tandis qu'elles ont reçu une quantité triple de sel marin ou de chlorure de potassium.

Les autres racines ont servi à rechercher comment se fait la répartition des matières minérales à la base et au sommet de la même betterave coupée en trois parts sensiblement égales, la part du milieu étant laissée de côté. Les cendres ont été lessivées de manière à séparer les sels solubles (salins) d'avec les composés insolubles (sels calcaires et magnésiens).

Les premiers sont plus abondants dans la partie inférieure de la racine; comme les chlorures et les sulfates sont des sels solubles, il semble qu'on doit les rencontrer en plus grande quantité dans la partie de la racine qui fournit le plus de salin : c'est le contraire qui se présente, et les différences sont très-accentuées, ainsi qu'on peut en juger par les nombres qui suivent :

Betterave.	N° 2.		N° 4.		N° 6.		N° 8.	
	A	B	A	B	A	B	A	B
Partie supér. (collet)...	14,0	16,9	41,9	15,2	40,7	15,6	49,1	non dosé.
Partie inférieure......	4,7	8,9	16,3	8,0	15,3	6,0	23,7	id.

A représente le chlorure de potassium et B le sulfate de potasse contenus dans 100 de salin.

Ainsi les chlorures et les sulfates, qu'on trouve aussi en grande quantité dans les feuilles, se concentrent dans la partie supérieure de la plante. On sait que leur présence dans le jus est la cause principale de la formation de la mélasse. Comme conséquence de ces observations, on voit que les fabricants de sucre doivent s'attacher à ne traiter que des racines largement dépouillées de leurs collets, toutes les fois que ceux-ci peuvent être utilisés pour la nourriture du bétail.

J'ai aussi comparé, au point de vue de la répartition des matières salines, la partie centrale de la betterave avec sa périphérie, en la dépouillant toutefois de son tissu épidermique.

Les tissus qui se trouvent au centre de la racine sont notablement plus riches en eau et en sels solubles. Ainsi une betterave dont la partie centrale contient 11,4 pour 100 de matières solides en renferme 14,0 dans sa périphérie; celle-ci laisse 7,4 de cendres pour 100 de matière desséchée, l'autre 9,7. Les cendres provenant de la partie centrale contiennent environ un tiers de matières solubles de plus que les autres, lesquelles sont, par conséquent, plus chargées de sels calcaires et magnésiens.

En poursuivant ces études, j'ai été conduit l'année suivante (1873) à cultiver les betteraves dans un sol très-pauvre, dans le but d'établir avec plus de netteté l'influence exercée par les matières fertilisantes que j'y introduisais. La terre de jardin a été remplacée par de la terre franche, venant de Garches. Cette terre est maigre, très-siliceuse, peu perméable à l'eau, se fendillant beaucoup par la sécheresse. Elle présente la composition suivante :

Eau et matières organiques..................	5,15
Carbonate de chaux......................	4,91
Carbonate de magnésie...................	0,42
Alumine...............................	3,50
Oxyde de fer...........................	2,20
Potasse.......	0,97
Soude.........	0,80
Sable et argile non attaquables par les acides.	81,51
Matières non dosées et perte..............	0,54
	100,00

Les betteraves, récoltées le 20 octobre, avaient reçu, du 3 juillet au 7 septembre :

Nᵒˢ 1 et 2. 24 grammes de sel marin, à raison de 2 grammes par litre d'eau de Seine.

Nᵒˢ 3 et 4. Le même poids de chlorure de potassium.

Nᵒ 5. 36 grammes d'azotate de potasse (4 grammes par litre d'eau).

Nᵒ 6. Le même poids d'azotate de soude.

Nᵒ 7. 25 grammes de sulfate d'ammoniaque.

Nᵒ 8. 35 grammes de sel ammoniac.

Nᵒ 9. Eau de Seine sans addition de matières salines.

Nᵒ 10. 42 grammes de phosphate acide de chaux (6 grammes par litre d'eau).

Nᵒ 11. 24 grammes du mélange des sels indiqués par M. Jeannel comme essentiellement propres au développement des végétaux (phosphate de chaux, sulfates d'ammoniaque et de magnésie, nitre et chlorure de potassium).

Au mois d'août, l'aspect des plantes présente des différences considérables; les feuilles de betteraves nᵒˢ 1 et 2 sont peu développées et commencent à jaunir; il en est de même pour les nᵒˢ 3 et 4; les feuilles sont très-petites, jaunes et plissées. Bien que les chlorures alcalins soient absorbés par les végétaux, il ne semble pas, quand ils ne sont pas accompagnés de matières fertilisantes, qu'ils exercent un effet utile sur la végétation. Le chlorure de potassium n'agit pas mieux que le sel marin. Il en est tout autrement de l'action des azotates alcalins, des sels ammoniacaux et du phosphate de chaux; les feuilles des plantes arrosées avec les dissolutions de ces sels sont d'un vert foncé; elles sont larges, très-abondantes. La betterave, qui n'a reçu que de l'eau de Seine, est fort peu développée; les feuilles sont jaunes et petites.

Le 14 octobre, l'aspect général est le même; la végétation la plus belle est celle que présente le pot nᵒ 10 (phosphate de chaux); viennent ensuite les plantes qui ont reçu les sels ammoniacaux et les sels Jeannel, puis les azotates.

On a pesé, le 28 octobre, une partie des racines et des feuilles. La betterave n° 10 est de beaucoup la plus belle; la racine pèse 932 grammes; en représentant ce poids par 100, et par le même nombre celui de ses feuilles, on a les rapports suivants pour le poids des autres plantes :

Numéros.	Racines.	Feuilles.
1	13,4	8,9
3	7,2	6,7
5	36,7	21,5
6	35,5	20,3
7	34,3	82,9
8	36,9	39,2
9	6,3	7,8

Les cendres fournies par ces betteraves ne présentent pas des différences de composition bien considérables, en dehors de celles qui ont été déjà signalées pour les plantes arrosées avec les dissolutions de chlorures; le résidu salin laissé par la betterave qui a reçu le sulfate d'ammoniaque contient 9 pour 100 de sulfate alcalin, soit environ le double de la quantité normale.

La betterave n° 10, arrosée avec la dissolution de phosphate de chaux, a donné des cendres dont la composition est la suivante :

	Racine.	Feuilles.
Silice	0,5	1,7
Carbonate de chaux	5,3	27,7
Phosphate de fer	1,6	1,5
Phosphate de magnésie bibasique	8,0	8,5
Phosphate de potasse tribasique	29,8	5,9
Sulfate de potasse	5,4	6,4
Chlorure de potassium	4,8	6,5
Carbonates de potasse et de soude	44,6	41,8
	100,0	100,0

En rapprochant cette composition de celle des cendres fournies par les autres betteraves, on reconnaît avec quelque surprise que l'emploi du phosphate de chaux soluble, loin d'augmenter la proportion des sels calcaires absorbés par la plante, diminue au contraire cette proportion d'une manière notable. En effet, les cendres des autres racines contiennent de 12 à 20 pour 100 de carbonate de chaux. Quant à l'acide phosphorique, la proportion est sensiblement la même pour toutes les betteraves ; elle n'est pas plus considérable pour la betterave arrosée avec la dissolution de phosphate de chaux.

Ce résultat conduirait à envisager sous un aspect nouveau le rôle des phosphates terreux dans la production végétale. En admettant qu'il puisse être généralisé, ainsi que d'autres faits consignés dans ce travail, et en le rapprochant des observations relatives à l'action d'autres substances minérales, on reconnaît que l'action de ces substances est variable avec la nature propre des sels qui, à des degrés différents, favorisent le développement des plantes.

Plusieurs, en effet, sont absorbés sans subir aucune modification : tels sont les azotates alcalins, qu'on retrouve en nature dans les racines et dans les feuilles. Dans le travail que j'ai publié en 1838, sur l'analyse de la betterave, j'ai dosé, à l'état cristallisé, le nitre qui se trouvait dans des racines trop fortement fumées. L'emploi de l'azotate de soude comme engrais est, pour les fabricants de sucre du Nord, l'objet de plaintes sérieuses, ce sel se retrouvant dans les jus et étant la cause des fermentations nitreuses qui se développent parfois dans le travail des racines venues sous son influence.

Les chlorures, qu'on introduit souvent aussi dans les engrais artificiels, bien qu'ils soient d'une efficacité beaucoup plus contestable, se retrouvent aussi dans les plantes : j'estime néanmoins que, dans la plupart des végétaux cultivés, le chlore que l'on introduit dans le sol sous forme de sel marin

existe dans les cendres à l'état de chlorure de potassium,
ainsi que je l'ai montré pour les haricots. Les sulfates alcalins, qui, comme les précédents, sont des sels solubles,
ne pouvant engendrer dans le sol que des composés solubles,
se rencontrent également dans les végétaux, bien qu'en
proportion beaucoup plus limitée.

Le phosphate de chaux, qui est, sans contredit, la matière fertilisante la plus précieuse, présente cette particu-
larité qu'*à poids égal* une plante, soumise à son action et
mise en présence d'un grand excès de sel, ne contient pas
plus d'acide phosphorique, renferme moins de chaux et
plus de sels de potasse et, selon les espèces, de soude qu'une
plante voisine venue dans les conditions ordinaires; celle-
ci, à la vérité, est restée chétive, tandis que l'autre présente
une végétation luxuriante; de sorte que, en définitive, cette
quantité excédante de phosphate terreux dans le sol a eu
pour résultat l'abondance même de la récolte.

Ces faits peuvent être interprétés de la manière suivante : le phosphate de chaux se décompose par son contact
avec les sels alcalins et les sels de magnésie que toute
terre fertile contient en quantité suffisante pour les be-
soins de la végétation; il se produit du phosphate de potasse et du phosphate ammoniaco-magnésien. Ces deux
composés sont, à mon sens, l'expression la plus directe de
la vie matérielle, chez les plantes comme chez les animaux.
Pour les plantes, ils sont nécessaires, comme on sait, à la
production de la graine, et ils concourent ainsi à la
conservation de l'espèce. Les cendres des graines ne contiennent guère, en effet, que du phosphate de potasse et du
phosphate de magnésie.

Il est impossible de ne pas rapprocher cette action du
phosphate de chaux de celle qui appartient à un autre com-
posé calcaire agissant aussi comme matière fertilisante sur
des plantes d'une autre nature : je veux parler de l'action
du plâtre sur les prairies artificielles. Les expériences de

M. Boussingault ont établi qu'en examinant comparative-
ment les cendres du trèfle plâtré et celles du trèfle non
plâtré, l'acide sulfurique et la chaux se rencontrent à peu
près en mêmes proportions dans les unes et dans les autres;
mais les sels de potasse sont notablement plus abondants
dans les plantes qui ont reçu du sulfate de chaux. On sait
qu'on n'est pas arrivé jusqu'à ce jour à expliquer d'une
façon satisfaisante tous les effets utiles du plâtre; je me
borne à les rapprocher de ceux qui sont produits sur
d'autres végétaux par le phosphate de chaux.

REMARQUES SUR LES SUBSTANCES MINÉRALES CONTENUES DANS LE JUS DES BETTERAVES ET SUR LA POTASSE QU'ON EN EXTRAIT;

Par M. Eug. PELIGOT.

Les chimistes qui se sont occupés de l'analyse de la betterave ont établi que cette plante renferme, en dehors du sucre, un très-grand nombre de matières solubles dans l'eau. J'ai fait sur le jus de cette racine quelques observations que je crois nouvelles, au point de vue des sels minéraux qu'il contient en assez grande quantité, dans la proportion de $\frac{6}{1000}$ à $\frac{12}{1000}$ de son poids.

La composition des cendres de la betterave entière diffère notablement de la composition des cendres fournies par le jus. En effet, bien que la matière qui forme la partie celluleuse de la plante soit peu abondante, la pulpe retient sous forme de composés insolubles la presque totalité des sels calcaires qu'on trouve dans les cendres de la racine en assez forte proportion.

Le jus trouble, qu'on obtient en soumettant à la presse la pulpe d'une betterave qu'on vient de râper, ne contient qu'une très-petite quantité de sels de chaux; il se colore rapidement au contact de l'air, et il ne peut être filtré qu'autant qu'on l'a fait bouillir pendant quelques instants. La chaleur a pour effet non-seulement de coaguler les matières albuminoïdes et d'arrêter les fermentations qui se développent rapidement, mais aussi de rendre insolubles le phosphate et le carbonate de chaux dissous à la faveur de l'acide carbonique que tous les sucs végétaux contiennent en abondance. Aussi le jus de la betterave, après qu'on l'a fait bouillir, est complétement exempt de sels calcaires.

Néanmoins, dans cet état, il renferme beaucoup de phosphates. Il suffit, en effet, d'y ajouter une certaine quantité de nitro-molybdate d'ammoniaque, préparé d'après les prescriptions indiquées par M. Paul de Gasparin dans son important travail sur l'analyse des terres arables, pour obtenir à l'ébullition un abondant dépôt jaune de phospho-molybdate d'ammoniaque.

On peut également séparer des cendres fournies par ce jus, après le dosage du chlore, l'acide phosphorique sous forme de phosphate d'argent tribasique, en saturant exactement par l'ammoniaque la liqueur acide dont le chlorure d'argent a été séparé.

C'est à l'état de phosphate de potasse tribasique que se trouve la majeure partie de l'acide phosphorique dans le jus de la betterave ; les cendres qui en proviennent en contiennent au delà du tiers de leur poids ; mais une notable quantité de cet acide s'y rencontre aussi sous forme de phosphate ammoniaco-magnésien. Rien n'est plus facile que de constater l'existence de ce sel : il suffit d'ajouter au jus filtré de l'ammoniaque pour y faire naître immédiatement un dépôt cristallin de phosphate ammoniaco-magnésien : une goutte de jus de betterave et une goutte d'alcali volatil donnent, sous le microscope, cette réaction d'une façon très-nette.

Les cendres fournies par le jus contiennent de 10 à 15 pour 100 de leur poids de phosphate de magnésie bibasique, quelle que soit la provenance de la betterave. J'ai examiné récemment une grosse racine, du poids de 3 kilogrammes environ, provenant des polders de Bouin (Vendée) habilement mis en valeur par M. Le Clér : le jus filtré a laissé par litre 13^{gr},28 de cendres ; celles-ci renferment 15,3 pour 100 de phosphate de magnésie.

Ces faits trouvent leur explication dans le faible degré d'acidité que présente le jus de la betterave ; il est probable que cette acidité est suffisante pour amener la dissolution partielle du phosphate ammoniaco-magnésien, insuffisante pour dissoudre le phosphate de chaux qu'on rencontre en assez forte proportion dans la partie coagulée et dans le tissu cellulaire dont on a séparé les matières solubles.

On sait d'ailleurs que la défécation du jus de betterave se pratique dans toutes les usines en ajoutant au liquide chauffé une certaine quantité de chaux éteinte ; cette opération est toujours accompagnée d'un dégagement d'ammoniaque qui est surtout dû à la décomposition du phosphate ammoniaco-magnésien. Le sel de magnésie, devenu insoluble, s'ajoute aux écumes qui sont en grande partie formées par le phosphate calcaire provenant de la décomposition du phosphate de potasse. Aussi ces écumes de défécation constituent un engrais énergique dont les observations qui précèdent feront mieux apprécier toute la valeur.

La potasse à l'état de carbonate, qu'on retire des résidus de la fabrication du sucre indigène, renferme une certaine quantité de phosphate qu'on retrouve dans la potasse raffinée et qui récemment m'a permis de remonter à la cause d'accidents qui se produisaient dans une industrie bien éloignée des industries agricoles : cette industrie est la fabrication du cristal.

On sait que les matières premières employées pour cette sorte de verre sont le sable, le minium et la potasse. Ces matières doivent être aussi pures que possible. Ayant été consulté par des fabricants de cristaux qui, au lieu du verre transparent et incolore qu'ils ont coutume de produire, obtenaient un verre laiteux et opalin ; et, après avoir

inutilement cherché la cause de cette altération du cristal
dans la qualité du minium et du sable, j'ai examiné la potasse dont ils se servaient et qui provenait d'une des meil-
leures raffineries du Nord : j'y ai trouvé une certaine
quantité de phosphate alcalin. Dans trois échantillons de
potasse indigène raffinée, de provenance différente, j'ai
constaté qu'en dehors de quelques centièmes de chlorure,
du sulfate alcalin et de sels de soude que cette matière
renferme habituellement, on y rencontre des proportions
notables de phosphate de potasse, soit 3,7, 2,0 et 2,6
pour 100.

Ce sel, dont la présence n'avait pas encore été signalée
dans les potasses indigènes, exerce probablement sur le
verre un effet analogue à celui du phosphate de chaux
qu'on emploie depuis longtemps pour fabriquer le verre
opale à reflets rougeâtres. Il suffira sans doute de signaler
le trouble qu'il apporte dans la fabrication du cristal pour
que les raffineurs de potasse, auxquels la clientèle des re-
présentants de l'industrie verrière n'est pas indifférente,
apportent dans leur travail les changements nécessaires
pour éliminer complétement une substance que les potasses
exotiques, qui proviennent du lessivage des cendres de
bois, ne contiennent pas en quantité appréciable.

(Extrait des *Annales de Chimie et de Physique*, 5e série, t. V, 1875.)

2144   Paris.— Imprimerie de GAUTHIER-VILLARS, quai des Augustins, 55.